A L'ÉCOLE

DES FOURMIS

IMPRIMERIE L. TOINON ET Ce, A SAINT-GERMAIN.

A L'ÉCOLE

DES

FOURMIS

PAR

NAPOLÉON ROUSSEL

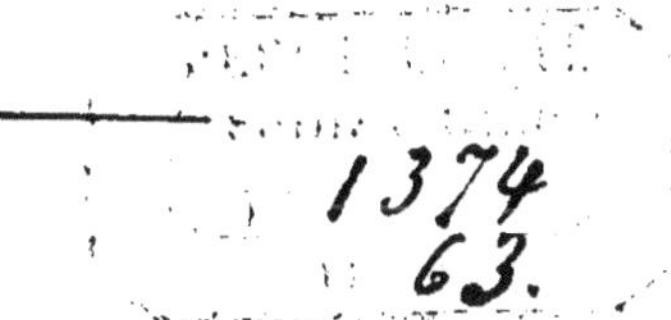

PARIS

GRASSART, LIBRAIRE ÉDITEUR

3, RUE DE LA PAIX, ET RUE SAINT-ARNAUD, 4

—

1864

A L'ÉCOLE

DES FOURMIS

Du château.

Enfin, me voilà campagnard. Grâce à toi, cher ami, je vais élever des poules et planter des choux. Mais, te le dirai-je? même à la campagne un goût citadin m'a suivi, celui de l'étude, et puisque je ne puis plus ici me mêler aux grands personnages, je m'occuperai des petites bêtes. Je laisserai l'inquiétude des empires pour me délasser dans les soins de ma basse-cour. Si tu veux être de la partie, nous nous amuserons à surprendre quelques-

uns des secrets de cette admirable création. Il me semble que feuilleter ainsi le
livre de ce vaste monde, c'est pénétrer
dans les plans de Dieu, c'est recevoir ses
confidences et ainsi apprendre à mieux
connaître ses projets sur nous par la découverte de ses intentions à l'égard de
l'univers.

J'ai lâché le grand mot. Oui, je voudrais
faire des découvertes, des découvertes à la
fois merveilleuses et faciles… Et, par pru-
dence plus que par modestie, j'ai choisi
mon sujet le plus humble possible. Je me
propose d'observer avec toi, non pas
le soleil qui nous éclaire, non pas l'aigle
qui le regarde en face, pas même le passe-
reau qui voltige dans les espaces, mais

tout simplement l'imperceptible fourmi qui se cache dans la terre. Les occasions d'étude ne nous manqueront pas : moi dans ma forêt, toi dans tes champs, nous trouverons à chaque pas des fourmilières. Nous regarderons, prendrons des notes, et de temps à autre nous nous communiquerons le récit de ce que nous aurons vu. Le travail de l'un complètera le travail de l'autre, et notre correspondance nous intéressera d'autant plus que les lettres de chacun de nous rouleront sur le sujet qui préoccupera son correspondant.

Mais pourquoi les fourmis plutôt que les mouches, les papillons, les abeilles? enfin pourquoi étudier les fourmis plutôt que tout autre insecte? Pour te dire toute

la vérité, c'est parce que j'en ai déjà commencé l'observation. La semaine dernière,
je me promenais dans le bois voisin de notre
manoir, lorsque je heurtai du pied un de
ces petits monticules de terre surmonté
d'un cratère en forme d'entonnoir, tel que
sans doute tu en as toi-même bien souvent rencontré. J'incline la tête pour reconnaître la cause de mon faux pas, et je
vois une foule innombrable de points noirs
s'agitant à mes pieds. Je me baisse, j'examine de près, et je reconnais que ce monceau de terre, que j'avais toujours regardé
comme un simple amas des matériaux tirés de l'excavation souterraine, était au
contraire un mélange de terre, de paille,
de grains, de feuilles, de graviers et d'une

multitude de choses diverses qui certaine-
ment n'avaient pas été extraites du sol ; je
fus d'abord frappé de ce fait que la forme
de ce monticule n'était pas due au hasard.
En effet, à la base se trouvaient des graviers, au-dessus des bûchettes de bois,
enfin des débris de paille et de feuilles.
Évidemment, les constructeurs de ce dôme
avaient eu l'esprit de mettre au bas les
pièces les plus solides, les graviers ; au-
dessus les plus longues, les branchages ; et
au sommet les plus légères, les feuilles ;
c'est ainsi que nos maçons placent des
pierres pour fondations, des poutres pour
planchers et du chaume pour toiture. Tu
vois que les fourmis réfléchissent comme
nos architectes. Ces dispositions garantis-

sent la solidité de l'édifice ; ensuite elles mettent les habitants à l'abri de la pluie, car malgré l'averse abondante de la veille et la pénétration de l'eau dans tout le terrain d'alentour, pas une goutte d'eau n'avait pénétré dans l'intérienr de la fourmilière !

Ce premier aperçu me rendit plus curieux, et comme je ne pouvais en apprendre beaucoup plus dans cette construction que mon pied avait démolie, j'en cherchai une autre intacte dans les environs. Il me fut facile de la découvrir, car il y en avait plusieurs à quelques pas de distance. Je choisis la plus vaste pour théâtre de mes observations. Dans celle-ci, comme dans la première, le monticule s'arrondissait en dôme, un cratère en en-

tonnoir surmontait le sommet; à mi-côte
et vers la base de l'édifice, d'autres ou-
vertures moins grandes me paraissaient
conduire à l'intérieur. Mais qu'y avait-il
sous cette construction massive, sous cette
pyramide d'Egypte? C'est ce que je vou-
lais pénétrer. Je m'y pris avec ménagement. Aidé d'une longue pince effilée,
j'enlevai la toiture de cette fourmilière.
Sous une première couche de matériaux,
j'aperçus des vides de diverses grandeurs,
séparés par des cloisons. Évidemment,
c'étaient des chambres. La plus grande était
au centre, divers passages venant du dehors y aboutissaient. Dès que j'eus renversé
leur toit, les fourmis s'enfuirent et rentrèrent à l'intérieur. Ce fut en vain, ma pince

les y poursuivit. J'enlevai avec délicatesse d'autres poutres, d'autres planchers, et je découvris plus bas d'autres appartements de formes irrégulières. Combien y avait-il d'étages superposés dans ce vaste édifice? C'est ce que je ne pourrais dire au juste; mais si j'en juge par la hauteur générale du dôme comparée à la hauteur des chambres, je suis conduit à supposer qu'il y avait là vingt couches d'appartements les uns sur les autres. Un édifice de vingt étages, n'est-ce pas prodigieux? Que sont à côté de ces colossaux édifices les hautes maisons de Lyon et d'Édimbourg? N'avais-je pas raison de les comparer aux pyramides d'Égypte?

Tout cela était *au-dessus* du sol; qu'y

avait-il *au-dessous?* Évidemment un vide
d'où partie de ces matériaux avaient été
tirés. Mais, dans ce vide souterrain, que se
passait-il? Voilà ce que j'aurais voulu découvrir. Comment pénétrer du regard dans
le sol? Comment voir à travers une montagne? Raser la montagne était chose facile, mais ensuite comment descendre dans
les entrailles de la terre? Comment voir
les fourmis vacant à leurs affaires au sein
de leur domicile ténébreux? J'en cherchai
les moyens. Une idée se présenta à mon
esprit. Une fourmilière placée sur un terrain incliné la fit naître. Je me dis : La
fourmilière souterraine placée sur une
pente doit se présenter à l'œil de côté et
non plus par le sommet; enlevons le mon-

ticule, et nous aurons sur le flanc de la colline les cases de la fourmilière à découvert. C'est ce que je fis, et j'eus le bonheur de contempler ainsi l'édifice à l'intérieur. Quelle ne fut pas ma surprise en trouvant encore ici sous terre autant d'étages superposés que j'en avais vus dans le dôme! Si bien qu'en prenant la fourmilière tout ensemble, depuis le fond dans les entrailles de la terre jusqu'au sommet de la pyramide, il devait y avoir quarante étages les uns sur les autres! Y avait-il des habitants dans tous? Voilà ce qui me restait à pénétrer.

Un jour, je vins à midi par un soleil ardent visiter une fourmilière. Je renversai son dôme; j'en éparpillai les matériaux et je n'y trouvai pas un seul habitant. Je creusai à la surface du sol et je n'y découvris pas une fourmi. Enfin je sondai jusqu'au fond ; mais là je vis s'agiter des milliers de petites créatures, sans doute fort surprises qu'on vînt les chercher si loin. Ceci me fit comprendre que, par la grande chaleur, les fourmis se réfugient dans leur souterrain le plus bas, sans doute parce qu'il est le plus frais.

Je revins le soir au soleil couchant. La chaleur était moindre. Je voulus savoir où ces dames logeaient à cette heure. Je fouillai le sommet ; personne. J'attaquai plus bas en creusant par le flanc ; personne non plus. Enfin j'enlevai la première couche sur le sol et je trouvai toute la société réunie au salon. J'en conclus que par une température moyenne, c'est dans un étage moyen que les fourmis ont la sage précaution de se réunir.

Le lendemain, je revins encore ; il avait plu toute la nuit abondamment. La surface du terrain était couverte d'eau, le fond lui-même en était pénétré. Aussi, nos prudentes locataires s'étaient-elles refugiées au sommet du dôme arrondi où la pluie ne pouvait s'arrêter. La pyramide d'Égypte était devenue la tour de Babel, construite pour éviter le déluge.

Dès lors, le but de la multiplicité des étages m'était connu. Ce n'était pas de donner des chambres plus nombreuses, mais des chambres à diverses températures, fraîches dans le fond, tempérées à mi-hauteur et chaudes au sommet de l'édifice où l'eau ne pouvait jamais séjourner et où le soleil frappait de plus près. Quelle admirable prévision, non de la fourmi sans doute, mais de son créateur! Elle est incapable de faire du feu ; elle ne saurait se vêtir ; mais elle peut monter et descendre et ainsi se chauffer ou se rafraîchir.

En y regardant de plus près, je vis que ces étages différents répondaient à un autre besoin que celui du bien-être des maîtres de céans. En effet, je remarquai que les fourmis, selon les heures du jour, transportaient à diverses hauteurs leurs œufs et leurs petits, sans doute pour leur procurer une température en juste rapport avec leur développement. Un soleil trop ardent dardait-il ses rayons sur ma tête? Les larves et les nymphes étaient enlevées et descendues. Un nuage couvrant le ciel tempérait-il cette chaleur? Larves et nymphes étaient aussitôt remontées. Le croirais-tu? une bonne partie de leur temps est ainsi absorbée à monter et descendre leur progéniture pour lui procurer le degré précis de chaleur dont elle a besoin. Tu vois que la tendresse n'est pas l'apanage exclusif des mères dans le genre humain; ou plutôt, ce fait nous montre que cette tendresse prend son origine dans celui qui la distribue à toutes les créatures, hommes et fourmis.

Mais ce n'est pas assez de se défendre contre les ardeurs du soleil ou le refroi-

dissement de la température. Les fourmis
ont des ennemis plus terribles que les sai-
sons ; ce sont les êtres vivants. Tel insecte
hostile peut tenter de s'introduire dans
leur domicile, la nuit, quand toute la famille se livre au repos. Heureusement on y
a pourvu. D'abord, le soir, les fourmis réunissent à l'ouverture de leur demeure des
petites bûchettes posées dans tous les sens
de manière à former une véritable barrière.
Quelquefois même des débris de feuilles
viennent couvrir ces barricades et dérober
à tous les yeux l'entrée de la maison.

Ce n'est pas tout. La ruse pourrait encore tenter de déjouer ces précautions.
L'ennemi viendra peut-être à la dérobée,
par un détour, surprendre la citadelle fer-

mée. Que faire donc de plus ? Précisément ce que fait l'homme dans une semblable occasion. Comme de prudents tacticiens, les fourmis posent des gardes à la porte de la forteresse et même des sentinelles perdues qui errent à quelque distance aux alentours. Si l'ennemi se présente, les gardiens donnent l'alarme et bientôt toute la tribu est prête à se défendre. En temps de paix, les fourmis n'en dressent pas moins des obstacles à la porte, le soir, comme dans nos villes fortifiées on lève les ponts-levis ; et, le matin, les bûchettes sont écartées, les feuilles enlevées ; les portes ainsi ouvertes, chacun reprend ses travaux de la journée. N'est-ce pas admirable ? Faisons-nous mieux ? et la similitude de nos précautions n'indique-t-elle pas que nous, hommes et fourmis, avons puisé à la même source l'intelligence qui nous dirige ? A moins qu'on ne suppose que les fourmis ont imité les hommes ou les hommes copié les fourmis.....

Mais nous n'avons pas épuisé la liste de nos ressemblances avec les insectes ; nous allons en voir d'autres, même sur ce point particulier des portes ouvertes ou fermées.

Un jour de pluie, je vins visiter mes petites amies, et je fus étonné de trouver, après l'heure ordinaire, leur porte encore close. La réflexion me fit bien vite comprendre que, dès qu'on ne travaille pas d'habitude au dehors pendant la pluie, il était tout simple de ne pas ouvrir le passage aux ouvriers qui devaient rester dedans. Bien plus, le lendemain, comme le ciel était brumeux et que toute la sagesse humaine ni formique ne pouvait prévoir si nous aurions la pluie ou le soleil, la porte n'était ni ouverte ni fermée, elle était entrebâillée ; on avait écarté quelques bûches, non pas toutes, en sorte que quelques éclaireurs pouvaient sortir et rentrer pour les besoins urgents de la famille.

Peut-être juges-tu mes fourmis bien douillettes pour s'effrayer d'un peu d'eau ? Je t'ai déjà dit qu'on s'occupe dans la fourmilière quand les travaux extérieurs sont suspendus, mais je vais te citer un fait qui prouve que, si les fourmis fuient la pluie quand elles le peuvent sans inconvénient,

elles savent l'affronter quand il est nécessaire. Ici, tu verras qu'elles ont plus de
courage que nos maçons qui s'enfuient
dès qu'arrive une ondée.

Comme je te l'ai déjà dit, la partie hors
du sol de la fourmilière, celle qui constitue
le monticule arrondi, se compose en partie
de graviers, de bûchettes, de feuilles, de
grains de blé, matériaux recueillis au loin,
et en partie de la terre tirée de l'excavation. Cette terre, apportée et placée entre
les poutres, forme des murailles. Mais où
prendre du mortier pour unir ensemble
toutes ces parcelles terreuses? Pour nous,
c'est le difficile ; pour la fourmi, c'est le
plus simple : l'eau, voilà son mortier!
Dès qu'il pleut, les ouvrières se hâtent

d'apporter des matériaux de l'intérieur, elles les posent les uns sur les autres, les poussent avec leurs pattes et leurs antennes, qui servent à la fois de main et de truelle; l'ondée arrive, ramollit ce terreau, et quand tout est en place, le soleil vient à son tour sécher les murailles et un nouvel étage se trouve construit avec une solidité suffisante pour des fourmis. La pluie cesse-t-elle de tomber? les fourmis interrompent leur construction. L'eau revient-elle? vite elles reprennent leurs travaux.

Peut-être penses-tu que tout cela se passe dans mon imagination, ou qu'une coïncidence due au hasard est mon seul appui? Tu vas voir le contraire.

Un jour de beau temps j'eus l'idée de persuader à mes travailleurs qu'il pleuvait. Voici comment je m'y pris. J'allai chercher un tamis très-fin en ferblanc à la la cuisine. Je le remplis d'eau et le tins placé sur ma fourmilière en construction. En avançant ou retirant le tamis, je faisais la pluie ou le beau temps. Au bout de quelques instants où j'avais tenu mon nuage sur la bâtisse commencée, au moment où l'humidité en pénétrant la terre faisait supposer aux fourmis qu'il pleuvait, je vis quelques messagers sortir de la terre pour s'en assurer. Pour elles, en effet, mon tamis par ses trous, laissant dégoutter l'eau, c'était la pluie. Aussitôt les courriers retournent à l'intérieur et la foule vient au dehors, apportant des matériaux, pour profiter de mon aquatique mortier.

J'eus la patience de leur servir ainsi de goujat pendant quelques heures, et le plaisir de les voir bâtir un étage entier.

Remarque quelle économie de travail et de matière : en transportant la terre du dedans au dehors, la fourmi fait d'une pierre deux coups : elle mine d'un côté et construit de l'autre ; elle se donne de la place à l'intérieur et se crée un édifice en plein air. Et son mortier n'est-il pas d'une admirable simplicité ? A nous, pour bâtir, il faut des pierres, du sable et de la chaux ; la fourmi, plus habile, n'emploie que de la terre et de l'eau ! A nous, sont nécessaires mains et truelles ; à la fourmi, sa trompe suffit ! Quelle variété de moyens le Créateur n'a-t-il pas pour faire exécuter les mêmes travaux ! Et quelles variétés d'organes il sait mettre en œuvre pour atteindre le même but. Pour vivre, il donne à l'homme, cœur, poumons, sang, veines, muscles, nerfs, etc. ; et tout cela nous est indispensable. Pour vivre, le même Dieu donne au ver de terre un simple boyau ! Et ce qu'il y a de plus remarquable, c'est que Dieu jette la même pensée dans ces corps simples ou compliqués ; l'homme et la fourmi ont, sous ce rapport, une certaine fraternité.

De la ferme.

Vivent les fourmis ! ce sont les êtres les plus intelligents que je connaisse ; après moi, cependant ! Je suis d'autant plus heureux de te suivre dans l'étude de ces peuplades que j'ai moi-même, déjà, fait quelques observations. Nos découvertes pourront se compléter. En tous cas, elles nous amuseront.

Tu as vu des fourmis charpentières et maçonnes ; moi, j'en ai vu de mineuses ; les tiennes élèvent, les miennes creusent, et elles creusent leur demeure, non pas dans le sol naturel comme d'autres le font, mais dans une masse de terre qu'elles ont elles-mêmes amoncelée. Cette observation vient à l'appui de ta remarque que le Créateur sait atteindre le même résultat par des moyens très-divers.

Toutefois, il ne faut pas croire que ces fourmis obéissent uniquement à l'instinct. Non, elles usent d'une intelligence qui leur est commune avec nous, et que chacune d'elles dirige et développe selon les lieux et le besoin. Je vais te donner quelques exemples qui, pour moi, prouvent que les fourmis pensent, délibèrent, choisissent chacun en son particulier, et que c'est librement, et non par contrainte, qu'elles se réunissent pour une œuvre sociale.

Ainsi, tu m'as dit avoir vu des fourmis apporter des poutres sur des murailles, moi j'ai vu une fourmi placer les murailles sous des poutres! Le moyen était opposé, le résultat le même. Est-ce à dire qu'elles fassent tantôt d'une manière, tantôt d'une autre? Non, toi tu as été témoin de leur travail fait selon la règle, et moi de leurs œuvres accomplies exceptionnellement sous la nécessité d'une circonstance fortuite. Voici comment; sur le chantier, se trouvaient quelques bûchettes qui, par hasard, formaient un carré long, la charpente était donc toute posée; une fourmi le vit et conçut l'idée d'en tirer parti, en plaçant ses murs juste sous les poutres accidentellement agencées. Ce n'était donc pas instinct, mais bien intelligence.

Une autre fois, j'ai vu une fourmi travailler seule à creuser un chemin conduisant d'une case à l'entrée de sa fourmilière. Cette espèce de canal terminée, l'insecte, satisfait probablement, en commençait un second, lorsqu'une de ses compagnes, survenant et jugeant aussi, sans doute, l'idée heureuse, se mit à aider la première, et toutes deux construisirent de semblables chemins.

Mais voici encore mieux, c'est un secours apporté à une ouvrière qui se trompait, secours donné si à propos qu'il répara l'erreur. Une fourmi bâtissait une voûte qui, partant d'un mur, devait aller s'appuyer sur un autre. Mais, un des deux points d'appui était plus haut que l'autre, la voûte continuée risquait donc d'arriver trop bas; une seconde fourmi survient, s'aperçoit de la bévue, démolit la voûte, exhausse la muraille trop basse jusqu'au niveau de la plus haute, et, avec les débris de la voûte détruite, elle en reconstruit une nouvelle, dont les deux extrémités vont tomber juste sur les murs maintenant égaux. Est-ce là de l'instinct? N'est-ce pas de l'intelligence? Oui, et de la même intelligence que celle dont Dieu nous a doués.

Nous avons vu tous deux des fourmilières dans la terre et en monticule; nous avons reconnu qu'elles étaient tantôt creusées comme des mines, tantôt élevées comme des maisons; mais voici du nouveau et ce qui se rencontre plus rarement.

J'étudiais depuis quelque temps une fourmilière au pied d'un chêne, et je voyais parfois les habitants disparaître dans l'arbre. Qu'allaient faire les fourmis dans ce tronc? Voilà l'énigme que je ne pouvais deviner. Piqué d'une vive curiosité, je fis scier le chêne, et à l'intérieur je trouvai, quoi?... un palais, un palais de fourmis. Ceci vaut la peine d'être raconté.

Ce palais en bois dur était, du sommet à la base, sculpté dans le tronc. Chaque étage avait été construit, chaque chambre

creusée, chaque colonne arrondie par les
seules dents des fourmis. Les parois de
ces logements suivaient les lignes circulaires des couches ligneuses concentriques.
C'étaient des loges, des salons, des couloirs
de diverses grandeurs, en nombre infini.
Ces chambres avaient, en général, un ou
deux centimètres de hauteur ; elles n'é-
taient pas toujours séparées les unes des
autres par des cloisons, mais quelquefois
par de simples piliers, minces sur leur lon-
gueur, larges vers le pied, épanouis au
sommet comme nos hautes colonnes de
marbre à base et à chapiteau. Les planchers
entre ces étages n'étaient guère plus épais
que du papier. Évidemment, ce n'étaient
plus, comme dans la terre, des plafonds

posés sur des murs, mais des appartements formés en creusant au dehors et au dedans, jusqu'à ce qu'il ne restât plus que de minces séparations. Ici, l'on n'avait pas créé les chambres de l'édifice, mais on les avait évidées, et par cette excavation, murs, colonnes, planchers étaient sortis du néant. Les fourmis créent ainsi dans le bois plusieurs galeries circulaires, concentriques, séparées par des cloisons. Plus tard, quand ces cloisons sont découpées en colonnettes, les galeries réunies ne forment plus qu'un vaste salon. Comme chacune d'elles a été creusée indépendamment des autres, le plancher qui résulte de leur réunion n'est pas, sur tous les points, exactement au même niveau ; loin d'être ciré et uni

comme les nôtres, ce parquet est raboteux
et cannelé. — Quelle maladresse, diras-tu !
Au contraire, quelle habileté ! Ces sillons
du plancher général deviennent des ber-
ceaux où l'on pose commodément les
enfants au maillot. Tu le vois, ce qui semblait d'abord un défaut, se trouve en défi-
nitive une perfection !

Tu me demanderas, sans doute, comment je puis savoir que les appartements
tout faits que j'ai vus ont été créés comme
je viens de le dire ; comment je puis affirmer, par exemple, que les chambres sont
d'abord séparées par des cloisons pleines,
et plus tard par des colonnes isolées. Le
voici : j'ai vu des travaux terminés, d'autres à faire, d'autres commencés et ina-

chevés. Ne suis-je pas en droit d'en conclure que le tout marche comme je l'ai
dit? Du reste, il se peut que ce soit avec
intention que certaines chambres soient
entourées de cloisons pleines, tandis que
d'autres sont réunies aux chambres voisines, par la transformation de ces murs
en piliers. On obtient ainsi une salle à
colonnade; c'est la pièce commune que
nous avons déjà vue dans une fourmilière
en plein air. Ces constructions variées répondent à des besoins différents, et leur
diversité donne une plus haute opinion des
talents de ces insectes architectes. Ces habiles ouvriers ont des notions si justes sur
les matériaux qu'ils emploient que, lorsqu'ils taillent leurs habitations dans un

bois plus dur, ils font des cloisons plus minces. Ainsi, la partie de cette fourmilière sculptée dans la racine, était d'un travail plus léger que celle creusée dans le tronc. N'étaient-ce pas les mêmes fourmis, la même habitation, le même arbre? Oui. Pourquoi donc cette différence dans l'épaisseur des murs en passant de la racine au tronc, si ce n'est parce que le bois de la racine étant plus dur n'avait pas besoin d'être aussi massif pour donner la même solidité? Ainsi, nos fourmis en savent autant que nos constructeurs modernes qui font des poutres en fer plus minces que celles en bois. Or, il y a mille ans que les insectes savent cela. Ce n'est pas la peine de tant nous vanter de nos progrès, qui ne nous ont porté depuis lors qu'à la hauteur des fourmis.

Peut-être m'opposeras-tu leur instinct pour rabaisser leur intelligence? Mais non, l'instinct se répète toujours; ces fourmis modifient leur industrie selon le milieu qu'elles traversent; elles sculptent dans le bois, maçonnent sur la terre et minent dans le sol. On chante la gloire de l'homme parce qu'il varie ses habitations selon les climats, construit ses demeures de roseaux, de marbre, de glace même; la fourmi est-elle moins admirable, en creusant dans la terre ou dans le bois, bâtissant ou minant, en épaississant ses murailles dans le sapin, les amincissant dans le chêne, et modifiant ses travaux dans le même arbre, lorsqu'elles passent du tronc à la racine ? Ah! si les fourmis avaient des historiens ou des poëtes, que de merveilles nous en apprendrions! Mais, grâce à Dieu la nature les a faites aussi humbles qu'habiles; elles n'ont pas même l'air de penser qu'elles soient capables de rien!

Nous avons tant d'amour-propre que je me suis senti tout satisfait d'avoir à te raconter ce qui précède. Si j'avais inventé la fourmi, je n'aurais pas été plus content de moi-même, qu'après l'avoir simplement regardée. Heureusement une découverte nouvelle m'a fait comprendre que je n'avais pas encore tout appris et que je ferais bien d'étudier plus et de me glorifier moins.

Voici donc ce que je vis le lendemain du jour où j'observai mon chêne renversé. A quelques pas de là, j'avais un arbre si vieux, que son intérieur tombait en poussière ; le tronc était si complétement évidé, qu'un jour de pluie j'avais pu me réfugier dans son sein. Quelle ne fut pas ma surprise en découvrant que ce vide était habité, et que, dans ce creux, des fourmis avaient bâti une maison, non pas en rongeant le bois sain qui n'existait plus, mais en ramassant les moisissures tombées. De cette poudre, les fourmis avaient formé une pâte, et de cette pâte construit leur demeure. Pour donner à ces matériaux plus de consistance, elles y avaient mêlé de la terre, des toiles d'araignées, le tout pétri en ciment. J'admire et je me tais, sachant bien que, pour admirer aussi, tu n'as pas besoin de mes exclamations.

Du Château.

Dans l'étude de la nature, et plus particulièrement dans l'étude des êtres vivants, sur quoi faut-il mesurer l'intérêt dont les sujets sont dignes? Serait-ce sur leur grosseur? A ce compte, un bœuf serait bien plus intéressant qu'un homme. Non; c'est au moral qu'il faut demander la mesure de nos appréciations. Il est vrai que, dans le sens strict du mot, il n'y a point de comparaison possible; il n'y a sur la terre qu'un seul être moral, l'homme.

L'homme seul a une conscience, seul il s'élève à la notion de Dieu, seul il a l'espérance d'un avenir, seul enfin il se sent responsable de ses actes et de ses pensées. Mais si les autres êtres ne sont pas moraux, ils sont toutefois intelligents ; ils le sont à divers degrés, et c'est la diversité de ces degrés qui détermine leur valeur relative et l'intérêt que nous leur devons. J'aime mieux étudier une petite fourmi active, intelligente, affectueuse, qu'un gros porc endormi ou grognant sur son fumier.

Bien que cette réflexion soit élémentaire, et qu'elle obtienne l'assentiment général, il est bon de la rappeler pour échapper au piége que tend à nos sens tout ce qui est colossal, monstrueux. Il suffit qu'un animal soit énorme pour que notre imagination soit frappée, nos yeux éblouis, notre oreille tendue ; comme, par contre, notre ignorance dédaigne tout ce qui est petit, mais ce sont là des jugements d'enfant ! Plus nous aurons d'expérience, mieux nous apprécierons les œuvres de l'esprit, qu'elles occupent peu ou beaucoup d'espace. Nous admirons un homme, non pour sa taille mais pour son génie. Admettons donc les fourmis aux bénéfices de ce jugement, et fixons leur rang dans la création, non d'après la petitesse de leur taille, mais sur le développement de leur intelligence.

Ce que j'ai vu et ce que tu m'as écrit au sujet de ces insectes, m'a donné plus de désir de le bien connaître que je n'ai de patience pour l'étudier. Aussi me suis-je promis de m'aider dans mes recherches des travaux d'autrui, et je suis allé chercher dans mon Encyclopédie quelques notions sur ce qu'il m'aurait été difficile de découvrir moi-même. Je crois te faire plaisir en te transmettant le sommaire de mes lectures. Plus tard, nous reprendrons le cours de nos propres observations.

Dans une même fourmilière, il y a trois classes distinctes de fourmis : les mâles, les femelles et les ouvrières. Je dis ouvrières, et non pas ouvriers, parce que ce sont réellement des femelles, bien qu'elles soient stériles. Dans mon enfance, je ne les aurais appelées ni ouvriers ni ouvrières, mais plutôt des bonnes, des nourrices, car leur première occupation c'est de soigner les enfants ; elles les prennent dès le berceau, les portent, non à leur sein, mais dans leur bouche, pour leur communiquer le suc nourricier. C'est leur lait. Le plus curieux, c'est que le nouveau-né prend cette nourriture étant encore renfermé dans une membrane ; il suce ce lait à travers ce maillot. Puis les nourrices replacent ces petits dans leur nid, les reprennent, les reportent dans la bouche, et ainsi de suite jusqu'à ce que vienne le temps de l'éclosion.

Cette heure venue, les ouvrières se mettent à déchirer le maillot. Je dis les ouvrières, car plusieurs y travaillent à la fois pour délivrer une seule fourmi. Cette coque soyeuse, une fois enlevée, ces mères d'adoption s'occupent encore de l'enfant et de plus près. Comme il ne présente en naissant qu'une masse informe, l'une lui élève une patte, l'autre dégage une mandibule, et ainsi du reste jusqu'à ce que tous ses membres soient en état de servir. Pour l'heure, le marmot est encore trop faible pour marcher ; sa nourrice le porte, elle le descend ou le monte selon le temps qu'il fait. Elle continue à le nourrir ; elle le conduit à la promenade dans les champs et le ramène à la maison. Enfin, c'est une bonne, c'est une nourrice dans toute la force de l'expression.

Les soins de la nourrice pour ses petits ne s'arrêtent pas à l'éclosion ; cette tendre mère leur donne encore la becquée, non pas en versant les aliments dans leur bouche, mais en ouvrant la sienne pour qu'ils y puisent des sucs nourriciers. Enfin, ces bonnes s'occupent de la propreté de leurs élèves ; elles les brossent, les lissent avec leurs antennes, et soignent leur toilette comme nos servantes celle de nos petits enfants. La tendresse et la propreté ne sont donc pas l'apanage exclusif de notre race ; elles se retrouvent admirables même chez la fourmi, preuve évidente qu'elles sont voulues de notre créateur commun.

Ce qu'il y a de plus remarquable, c'est que cette fourmi qui soigne avec tant de soin, de dévouement ce nouveau-né, n'en est pas la mère ; elle l'aime d'un amour désintéressé : elle l'aime, lui et ses frères et sœurs ; elle étend son affection à la famille entière ; il suffit d'être fourmi pour que la bonne, la nourrice, vienne à votre secours ! Qu'un enfant (et il y en a des milliers) s'égare, qu'il rencontre une difficulté, qu'il manque de nourriture, et aussitôt l'ouvrière qui s'en aperçoit le remet dans son chemin, le tire d'embarras, lui donne à manger. Lorsque sa grande jeunesse le prive de l'expérience, nécessaire parmi les fourmis comme parmi les hommes, la vieille nourrice l'instruit, et au besoin emploie, non la violence, mais la force pour cela. Un jour, un péril survient dans un compartiment d'une fourmilière, une matrone court en avertir un enfant sorti pour prendre ses ébats; elle l'invite à rentrer; celui-ci refuse de bouger; elle le pousse, il résiste; elle le presse à coups d'antennes, il persévère dans son obstination. Que fera l'ouvrière? Va-t-elle l'abandonner ou le battre? Du tout, elle le charge sur son dos, l'emporte en face du danger, et quand elle l'a ainsi convaincu, elle le laisse agir en conséquence.

Il semble impossible à un être de pousser le dévouement plus loin que de passer sa vie à élever des enfants qui ne sont pas les siens. Cependant c'est ce que font certaines fourmis; elles élèvent, non-seulement les petits de leur propre tribu, mais encore les enfants de tribus étrangères, je dirais même de tribus ennemies, et parfois elles soignent des enfants plus gros qu'elles-mêmes, mais enfants assez stupides pour ne savoir pas manger ! Te représentes-tu un peuple de nains donnant la becquée à des géants qui deviendront un jour les maîtres ? J'espère découvrir plus tard la raison de ce fait singulier.

Pourquoi le Créateur a-t-il trouvé bon de confier aux ouvrières les soins à prendre des jeunes, tandis que le même Créateur a donné dans la race humaine la tendresse nécessaire pour élever des petits tout spécialement à leur mère? Je suppose que la cause de cette différence est dans le nombre très-restreint des fourmis fécondes et dans leur grande fécondité elle-même. Parmi ces insectes, il y a si peu de mères et tant d'enfants que les premières ne suffiraient pas pour élever les seconds. Une mère fourmi a des petits par milliers ! De là, la nécessité de mettre l'affection dans le sein des étrangères. Il en résulte un lien d'affection entre tous les membres de la vaste famille, ce qui leur tient lieu de constitution politique, et ce qui vaut bien mieux que toutes les lois possibles. Dans une fourmilière, on s'aime, et tout va bien. L'ordre se maintient, chacun remplit sa tâche, tous s'entr'aident et paraissent heureux ! Je l'avoue, parfois je voudrais vivre au milieu des fourmis !

Jusqu'ici je ne t'ai guère parlé que des

ouvrières. J'ajoute un mot sur les femelles et sur les mâles : ces deux classes qui ne sont chargées que de la reproduction ont l'avantage de posséder des ailes; mais des ailes dont elles ne jouissent qu'un seul jour! L'union une fois consommée dans les espaces, les mâles meurent, et les femelles s'arrachent ces ailes en attendant la ponte de leurs œufs.

Ici s'élève une foule de questions : pourquoi des ailes aux mâles et aux femelles et non pas aux ouvrières? Pourquoi les maris meurent-ils presque immédiatement après leur union, tandis que leurs femmes ne commencent en quelque sorte à vivre qu'au jour où les mâles expirent? Pourquoi les mâles qui vont

disparaître gardent-ils leurs ailes ? Pourquoi les femelles qui redescendent sur la
terre perdent-elles les leurs ? Un peu de
patience, et je vais répondre à toutes ces
questions.

D'abord, si les ouvrières n'ont pas d'ailes
c'est qu'elles n'en ont pas besoin. Appelées à rester à la maison, ou tout au plus
à butiner aux alentours, elles n'auraient
que faire de ces appendices embarras-
sants. Donnera-t-on des ailes à des prisonniers que le travail retient comme des
fers aux pieds ? Donnera-t-on des ailes à
une nourrice que le soin des enfants fixe
près d'un berceau ou à la servante qui ne
va qu'au marché ? Ce serait inutile et
même nuisible, car s'il leur prenait fan-

taisie de faire usage de ces ailes, ce ne pourrait être que pour abandonner leur travail et peut-être pour s'égarer.

Quant au mâle et à la femelle, les ailes leur sont nécessaires pour s'élever dans les airs où tous deux se rencontrent, et ce voyage aérien a lui-même pour but d'éloigner les femelles fécondées de l'ancienne fourmilière et de les amener ainsi à fonder des colonies partout où chacune ira tomber; c'est le créateur semant au loin de nouveaux essaims de créatures. Pour cela des ailes prêtées pour un jour suffisent. Cent femelles parties d'une même fourmilière, le matin, suivies des mâles dans les airs, deviennent, en retombant le soir sur des points différents, l'origine de cent peuples divers. Ce qui leur eût été impossible si, pour un moment, des ailes ne leur eussent pas été données.

Mais pourquoi ces femelles se dépouillent-elles de leurs ailes en rentrant à la fourmilière? Par la raison qu'elles n'en ont plus besoin. Pondre, voilà désormais leur unique occupation; dès lors, elles se débarrassent de ces appendices qui, dans les cases étroites de leur demeure, ne pourraient que les gêner.

Et pourquoi les mâles meurent-ils sitôt? C'est qu'ils ne sont plus nécessaires à la république, et ils gardent leurs ailes pour aller mourir dispersés au loin.

Tout ici-bas a donc sa raison d'être bien que nous ne la découvrions pas toujours. Pour l'apercevoir ils ne nous manque qu'une vue plus perçante. Un simple verre tourné vers le ciel nous dévoile des astres inconnus, tourné vers la terre des êtres jusqu'alors ignorés ; que l'instrument soit plus puissant, et d'autres merveilles nous apparaîtront. De même que l'œil de notre intelligence juge plus juste, nous découvrirons dans les êtres de nouveaux sujets d'admiration.

Voilà donc la femelle fécondée redescendue sur la terre, loin de son ancienne patrie. Que va-t-elle devenir ? Elle peut à la rigueur pondre seule et seule élever sa famille. Mais ce n'est pas ainsi que les choses se passent d'ordinaire. Le plus souvent la future mère, reconnue pour

telle par quelques ouvrières et recueillie
par ces étrangères, conduite dans un nouveau domicile, sera là parfaitement soignée
On lui donne à manger, on l'accompagne
du haut en bas de la fourmilière, on
l'aide dans les passages difficiles, on la
porte même dans de trop longs trajets.
Quand elle est au repos, on lui donne une
garde ; dès qu'elle commence à pondre, on
multiplie les serviteurs qui la suivent, la
nourrissent, l'entourent, enfin lui font une
véritable cour. Cependant je dois écarter
la fausse idée que ce mot de cour pourrait
donner ; ces gardes ne sont pas les gardes
d'honneur, mais les gardiens de la reine,
car on ne s'inquiète de la reine que parce
qu'elle porte en elle la future génération

qui doit un jour peupler la fourmilière. On l'entoure, la nourrit, l'accompagne partout, mais tout cela au profit de la cité. Dans l'intention créatrice, il n'y a donc ni reine, ni servante; il n'y a que différence de fonctions et le tout au profit du bien commun. Une fourmi est chargée de pondre, l'autre de nourrir, une troisième de soigner; mais pondre, nourrir, soigner, ont la même importance, le même but; les travaux sont divers, mais égaux, parce que tous sont nécessaires. C'est la constitution du corps humain, chaque membre a son rôle : la main porte à la bouche, la bouche envoie dans l'estomac, la vie remonte à la tête et tous sont les serviteurs les uns des autres. Le maître, c'est le tout.

Aussi ne retrouve-t-on pas chez les fourmis nos petites passions. Leurs reines sont si peu dominatrices qu'elles cèdent aux ouvrières, qui les invitent à remplir leur devoir. Une reine fécondée, qui voudrait quitter la fourmilière et dans ce but garder ses ailes, serait retenue par ses sujets. Aussi ses ailes lui sont-elles arrachées, elle est conduite dans une prison qui lui sert de palais. On semble lui dire : Tu seras reine, mais tu obéiras !

N'admires-tu pas cette diversité dans une même famille : les uns ont des ailes, les autres n'en ont pas. Parmi ceux qui en possèdent, les uns les conservent, les autres s'en défont. Ceux qui les gardent vont mourir, ceux qui les perdent vont vivre.

Au premier abord, tout cela ne paraît-il pas étrange ? Cependant, nous venons de le voir, tout cela se justifie. a sa raison. Ce qui semble d'abord un jeu du hasard se trouve être la disposition d'une sagesse profonde.

Mais si les mères futures s'éloignent pour fonder au loin de nouvelles colonies, leur ancienne patrie. privée d'une seconde génération, va donc dépérir ? Non, de nombreuses femelles s'éloignent ; mais quelques-unes restent. Celles-ci, retenues par les ouvrières et fécondées par les mâles avant leur départ, perpétueront la four-milière primitive. Ainsi la race se conserve et dans la mère-patrie et dans les colonies.

La fourmi fonde des nations qui durent d'âge en âge. En cela elle diffère essentiellement de ces insectes qui meurent chaque automne et dont les œufs éclosent chaque printemps. C'est l'opposition entre la plante vivace et la plante annuelle. Pour le dire en passant, cette double différence dévoile une véritable analogie entre l'insecte et le végétal. On entrevoit l'unité de création.

Ce rapport entre les deux règnes te paraîtra fugitif peut-être; mais je puis t'en citer un autre entre l'homme et la fourmi, que tu jugeras frappant. Le croirais-tu? Il y a plus de ressemblance entre l'homme et la fourmi qu'entre l'homme et tout autre animal. Ce qui fait notre dignité, ce n'est pas notre forme, notre stature; ce sont nos mœurs, et, dans ces mœurs, ce qu'il y a de plus noble, c'est sans doute notre sociabilité. Or, la fourmi, comme l'homme, est un être sociable. Les fourmis vivent en société; je ne dis pas en troupeau, mais en société: je ne dis pas en famille, mais en société; ou, si tu veux, je dirai que les fourmis étendent leurs affections de parenté à toute la nation; elles sont là trente mille amies intimes; c'est la fraternité universelle, non pas inscrite **sur** un drapeau, sur un papier, sur une pièce de monnaie; mais gravée dans leur cœur et dirigeant leur vie.

Voici, de cette affection, une émouvante preuve : Un naturaliste en promenade rencontre une fourmilière. Pour s'instruire, il enfonce sa canne dans l'ouver-

ture, et, renversant le dôme, il met à découvert des milliers de larves déposées
dans les chambres supérieures. Aussitôt
les ouvrières accourent, saisissent chacune
un petit enfant et l'emportent dans les
profondeurs de leur retraite. Le curieux
veut barrer le passage à l'une d'elles ; la
pauvrette se détourne et continue ; nouvelle tentative de l'homme pour arrêter
l'insecte, nouveau succès de l'insecte pour
s'enfuir avec son nourrisson entre ses
dents. Enfin, après une lutte prolongée où
le plus fort allait succomber, le naturaliste
se décida à poser la pointe de son canif,
non plus devant la fourmi, mais sur la
fourmi, entre le corselet et l'abdomen, au
point précis où un simple fil semble unir

les deux parties du corps. La fourmi, pressée, s'agite pour échapper; l'homme appuie pour la retenir, et appuie si fort qu'il partage la bête en deux! Tu crois peut-être que la fourmi va s'arrêter, se plaindre, ou lâcher prise et abandonner son petit? Du tout! la demi-fourmi de devant continue son chemin, emporte son précieux fardeau, s'efforçant de retenir la vie, jusqu'à ce qu'elle ait déposé son enfant en lieu de sûreté.

Mais peut-être me diras-tu : c'est de l'instinct? Quoi, ce serait cet instinct machinal qui fait répéter incessamment un acte toujours le même? Cette fourmi avait-elle donc l'habitude d'être coupée en deux? Avait-elle été créée pour cela?

Voici un second exemple non moins touchant que le premier. C'est Latreille, homme tout à fait digne de foi, qui le rapporte. Ce savant avait, pour faire des expériences, coupé les antennes d'une fourmi, ces deux tiges flexibles plantées en avant sur sa tête. La section de ces membres avait naturellement produit une plaie, plaie horrible ! Tel serait un homme amputé des deux bras ! Une plaie de fourmi est petite sans doute, mais la sensibilité du patient est grande, et, toute compensation faite, l'insecte ne souffre pas moins d'une antenne coupée que nous d'un membre arraché. Il paraît, du moins, que les fourmis en jugent ainsi, car celles qui étaient bien portantes, émues de compassion pour leur amie déchirée, vinrent l'une après l'autre verser dans les cicatrices une gouttelette de liqueur transparente, comme nous verserions un baume sur la blessure d'un ami : les fourmis donnaient même plus que nous n'accorderions, car elles dépensaient leur propre substance. Leur suc, c'était notre sang.

Toutefois, ces traits exceptionnels d'affection ne sont pas ce qui me touche dans la conduite des fourmis : ce qui m'intéresse le plus, ce sont les procédés habituels des unes envers les autres : elles s'entr'aident, elles portent secours à celles qui sont attaquées alors qu'elles pourraient s'enfuir : elles nourrissent les petits et les faibles avec les provisions qu'elles vont chercher au dehors ; elles se renseignent mutuellement sur le temps qu'il fait, sur la découverte d'un bon gîte. Si l'une s'égare, l'autre la ramène ; et si la première, par ignorance, persiste dans la fausse voie, la seconde la charge sur son dos et la porte en face de la preuve irrécusable qu'elle s'est trompée. Tout cela sans colère, sans rancune. Dès que le service est rendu et accepté, l'obligeante bienfaitrice va s'offrir à une autre. N'est-ce pas les procédés de bonnes sœurs ? Les sœurs humaines sont-elles toujours aussi douces, aussi patientes ? Voici une dernière preuve que ce n'est pas un instinct aveugle, mais une affection volontaire qui guide nos fourmis. C'est Pierre Huber qui va nous raconter le fait.

« Je pris, dit cet habile et consciencieux
» observateur, je pris au mois d'avril une
» fourmilière des bois dans l'intention de
» peupler mon grand appareil ; mais ayant
» beaucoup plus de fourmis qu'il ne m'en
» fallait, j'en remis une partie en liberté
» dans le jardin de la maison que j'habi-
» tais, et celles-là se fixèrent au pied d'un
» marronier ; les autres devinrent l'objet
» de quelques observations particulières.
» Je les suivis pendant quatre mois sans
» les laisser sortir de mon cabinet ; à cette
» époque, voulant les rapprocher davan-
» tage de l'état de nature, je transportai
» la ruche dans le jardin, à dix ou quinze

» pas de la fourmilière naturelle. Les pri-
» sonnières, profitant de ma négligence à
» renouveler l'eau de leurs baquets, s'éva-
» daient quelquefois, ou parcouraient les
» environs de leur demeure. Les fourmis
» établies auprès du marronier rencon-
» trèrent et *reconnurent* leurs anciennes
» compagnes ; on les voyait gesticuler et
» se caresser mutuellement avec leurs an-
» tennes, se prendre par leurs mandi-
» bules, et les fourmis du marronier em-
» mener les autres dans leur nid ; elles
» vinrent bientôt en foule chercher les fu-
» gitives au-dessous de ma fourmilière.
» et se hasardèrent même jusque sous la
» cloche, où elles établirent une désertion
» complète, en enlevant successivement

» toutes les fourmis qui s'y trouvaient; en
» peu de jours, elle fut dépeuplée. *Ces*
» *fourmis étaient restées quatre mois sans*
» *communication !* »

Après un tel récit peut-on douter, je ne dis pas de la mémoire, mais de l'excellent cœur des fourmis? Reconnaître d'anciens compatriotes, leur toucher le mandibule, c'est-à-dire la main, causer quelques instants ensemble, manifester la joie la plus vive, et finir par donner asile, dans une patrie libre, à des compatriotes exilés, n'est-ce pas ce que des hommes pourraient faire de mieux? Oh! si nous valions seulement autant que ces fourmis qui viennent, au péril de leur vie, chercher sur la terre étrangère leurs amis devenus esclaves, pour les transporter au pied d'un marronnier où ils trouveront asile et liberté.

Ici se présente une question. Puisque les fourmis se constituent en société, travaillent en commun, etc., il faut nécessairement qu'elles puissent se communiquer leurs pensées; elles doivent avoir un langage. Quel est-il? Ce n'est pas le bruit de la langue, car rien n'indique qu'elles jouissent de l'ouïe; ce n'est pas non plus la vue, car dans leurs souterrains les plus bas, recouverts de plus de vingt planchers, la lumière ne saurait pénétrer. En quoi donc consiste ce langage? Serait-il composé de signes, comme celui des muets? Non plus, car les signes ne s'aperçoivent pas dans l'obscurité. Quel est donc enfin leur moyen de communication ?

C'est ce que je me demandais l'autre jour en observant une fourmi solitaire qui se promenait nonchalamment, sans but, aux abords de sa demeure. Par passe-temps, je jetai devant elle la poussière d'un morceau de sucre que je venais d'é-mietter entre mes doigts. Cette douce grêle eut la vertu d'arrêter la fourmi ; d'abord celle-ci en tâta la plus grosse parcelle ; puis, s'en emparant, elle courut à sa four-milière, et bientôt après je vis sortir tout une troupe qui se précipita sur la curée et enleva tout mon sucre pilé. Évidemment la première fourmi avait averti les autres en les touchant dans leur retraite. Mais encore, quel pouvait être cet attouchement? Si tu veux y réfléchir, tu le découvriras toi-même. N'as-tu jamais vu deux fourmis sur ta route se frappant mutuellement sur la tête avec leurs antennes? N'as-tu pas remarqué que, non contentes d'une première tape amicale mutuelle, comme un bonjour, elles en échangent bon nombre pendant quelques instants, jusqu'à ce qu'enfin elles se séparent ou partent ensemble pour vaquer à leurs affaires? Enfin, si tu les as alors bien observées, tu as pu voir qu'il leur arrive, à l'une de poser un fardeau, à l'autre de s'en charger, et cela toujours après avoir échangé quelques mots, je veux dire quelques attouchements de leurs antennes. J'en conclus qu'au lieu de coups de langue dans les airs, les fourmis, pour parler, se donnent des coups d'antennes sur le corps ; ce sont des sourdes qui s'entendent.

Et ne va pas croire que ce langage du toucher soit imparfait et grossier ; il a son énergie et ses délicatesses. La fourmi veut-elle exprimer vivement sa pensée à un auditeur peu disposé à se laisser gagner ? Elle le touche de ses mandibules, c'est-à-dire avec des espèces de crochets, pour ne pas dire avec ses dents ; mais elle le touche sans le mordre ; elle l'entraîne, elle l'enlève par ces éloquentes tenailles, comme un orateur humain entraîne, enlève une assemblée ! La fourmi désire-t-elle, au contraire, user de douceur, persuader, au lieu de vaincre ? Elle parle avec ses antennes, qui se terminent par une fine brosse dont chaque poil caresse agréablement la tête, les pattes ou le corselet de l'insecte qu'elle veut entraîner. Comme le chat, elle fait patte de velours. Et ce n'est pas seulement avec ses semblables, c'est encore avec d'autres insectes, par exemple avec des pucerons, que les fourmis ont des entretiens. Oui, les fourmis parlent aux pucerons, les caressent, les persuadent, et, par leur doux langage, en obtiennent de véritables dons. Mais je reviendrai sur ces relations amicales. Pour le moment, il me suffit de donner en preuve que les fourmis savent parler à leur manière, et parler avec tant d'éloquence, qu'elles parviennent à persuader, ce qui n'est pas, tant s'en faut, toujours le cas parmi nous.

---

d'éloquence, qu'elles parviennent à per-

De la Ferme.

Tu es plus heureux que moi, ton étude des fourmis, faite dans les livres, t'a découvert le plus beau trait de leur caractère, l'affection, et le signe le plus éclatant de leur génie, leur langage. Mais, hélas! moi, je ne suis pas aussi fortuné; j'ai étudié sur la nature, dans les champs, et mes yeux ont eu la mauvaise chance de tomber, non sur des caresses, mais sur des combats. Ecoute ce récit.

Un beau jour d'été, dans l'après-midi,

je rencontrai pendant ma promenade toute une armée de fourmis rouges. La terre en était couverte; elles formaient une colonne large comme ma main, et longue comme deux fois mon corps. Ce ruban rouge se mouvait entier dans le même sens, et semblait marcher vers un but. Étonné, je laissai là ma promenade, et je suivis ces bataillons. Ils traversèrent la grande route, pénétrèrent dans la haie, ressortirent de l'autre côté, et continuèrent à travers les brins d'herbe. Enfin, à vingt pas environ, au sein de la prairie, nos guerriers arrivent près d'une fourmilière d'une espèce noire et plus petite. Quelques-uns des paisibles habitants de cette cité étaient sur leur porte, se promenant sans défiance , lorsqu'ils aperçurent l'ennemi. Aussitôt, ils rentrent dans leur citadelle , et en ressortent suivis d'une armée pour repousser cette attaque inattendue. Ce fut en vain : les assaillantes étaient en si grand nombre, qu'elles pénétrèrent presque sans résistance dans les souterrains. Qu'allaient-elles y faire? qu'allaient-elles y chercher? C'est ce que je me demandai. Lors, après quelques minutes d'attente, je les vis revenir, portant en triomphe entre leurs dents les nymphes, c'est-à-dire les petits vaincus. Pères, mères, serviteurs de la ville dévastée se jettent à la poursuite des ravisseurs, leur barrent le passage, s'accrochent à leurs pattes ; mais les guerriers continuent leur retraite victorieuse , et retournent chez eux. Là, sur la porte, des ouvrières négresses les attendaient ; les rouges déposèrent leur fardeau, et les noires les portèrent à l'intérieur. Noires et rouges étaient donc associées? C'est ce qui me parut évident. Seulement leurs rôles différaient : les grosses allaient faire des prisonniers dont les petites prenaient soin. J'aurais pu croire l'expédition terminée ; mais non. Les guerrières reprirent le chemin de la fourmilière déjà dévastée, y rentrèrent presque sans obstacle, et ravirent une nouvelle moisson de petits enfants qu'ils déposèrent encore à l'entrée de leur propre maison, où de nouveau les servantes vinrent recueillir le précieux et vivant butin. N'était-ce pas

assez ? Il paraît que non, car l'armée par-
tit pour une troisième expédition, et rap-
porta encore des nymphes dérobées. Cette
fois, au lieu de déposer leur proie à l'entrée de leur domicile, les ravisseurs s'in-
troduisent eux-mêmes dans la fourmilière
sans rien remettre à leurs servantes. Comme
ils ne devaient plus ressortir ce jour-là, ils
avaient tout le temps pour achever eux-
mêmes ce transport ; nouvel indice qu'il y
avait entre les rouges et les noires entente
complète et cordiale : chacun avait sa tâche, chacun son privilége, chacun son devoir. Mais lesquelles donc étaient les maîtresses ? les rouges ou les noires ? Il semble
que ce dût être les plus fortes. Eh bien,
non, car le lendemain, revenu sur le même

point pour continuer mes observations, je fus témoin d'une scène où les servantes donnèrent des ordres, et même des coups à leurs maîtresses. Les fourmis rouges étaient en expédition ; mais n'ayant découvert aucune fourmilière à piller, elles revenaient sans butin à la maison. Les petites noires, qui les attendaient pour les décharger de leurs fardeaux, les voyant rentrer à vide, en furent indignées, leur barrèrent la porte, et à coups de dents les obligèrent à retourner à la maraude ; et ce ne fut que lorsque, parties une seconde fois, les fourmis guerrières revinrent chargées de butin, que les ouvrières consentirent à les recevoir. Faudra-t-il conclure de ce fait que les guerriers n'étaient que

des soldats mercenaires se battant pour le
compte des citoyens restés au logis ? non
plus et en voici la preuve. Pour savoir ce
qui se passait dans la fourmilière, j'en
enlevai la première couche, et je mis ainsi
à découvert guerrières, servantes et nour-
rissons. Aussitôt les ouvrières coururent
aux nymphes, les prirent entre leur mandibules et les emportèrent dans les couches inférieures ; quant aux fourmis guerrières, elles gardèrent leur dignité, ne
s'occupèrent de personne ni de rien. Elles
se retirèrent dans leurs cases souterraines,
passant par-dessus le corps des nourris-
sons sans même y prendre garde. Lorsque
les servantes eurent mis les nymphes à
l'abri, elles s'occupèrent de donner à man-

ger aux vieux soldats, leur présentant la becquée comme des domestiques pourraient le faire pour des bébés! Les ouvrières n'étaient donc pas plus maîtresses que les guerriers n'étaient seigneurs.

Qui donc commandait ici?

Personne; chacun remplissait son devoir et jouissait de son privilége, mais ni devoir ni privilége n'élevaient l'un au-dessus de l'autre. Les fonctions étaient différentes, pas une n'était supérieure Au fond, il n'y avait qu'un seul maître: le Créateur de toutes les fourmis, qui avait assigné à chacune son travail propre et même la surveillance de celles qui négligeraient le leur. La seule fourmi vraiment indépendante était celle qui faisait ce qu'elle devait faire.

Quelles leçons!

D'autres faits analogues sont venus me confirmer dans ces pensées. Par exemple, durant la marche en colonnes des fourmis guerrières, j'en avais vu quelques-unes hors des rangs placées, comme nos officiers, à côté de leur compagnie. Et, en effet, ces fourmis maintenaient l'ordre, indiquaient le chemin. Partant de la tête de la colonne, elles descendaient jusqu'aux derniers rangs et, là, elles se retournaient et reprenaient la marche en avant. Était-ce donc bien des officiers? Oui, pour le moment, mais de simples soldats, une minute après, car toutes les fourmis indistinctement qui arrivaient en tête, prenaient chacune à leur tour, ce rôle de directeur ; et, comme l'arrière-garde hâtait sa marche, il se trouvait que chaque peloton devenait à son tour le premier, et qu'ainsi chaque soldat devenait commandant ! N'est-ce pas là une belle confirmation de mon dire que, parmi les fourmis, il n'y a que des diversités et non une supériorité d'occupations, puisque successivement les premiers sont les derniers ?

Je vais plus loin et j'affirme qu'il y a même accord entre les vainqueurs et les vaincus. D'abord remarquez que les petits dérobés au dehors étaient de la même espèce que les servantes déjà à la maison. Ces enfants, grandis, étaient donc appelés à

devenir les associés de leurs ravisseurs et,
même, si les vainqueurs manquent jamais
à leurs devoirs, ce seront leurs prisonniers,
devenus leurs compagnons, qui seront
chargés de le leur rappeler. Remarque surtout que ces enlèvements sont des faits
ordinaires réguliers; dès lors on peut voir
là une loi posée par le Créateur. Dieu a
voulu qu'une fourmilière fécondât des
œufs destinés à éclore dans une autre.
C'est, si tu veux, l'enlèvement des Sabines
par les Romains; mais cet enlèvement
s'accomplit dans l'intérêt commun de la
race en général. On pourrait dire que les
ravisseurs ne sont au fond que des messagers qui viennent prendre des enfants pour
les mettre en nourrice, et ainsi multiplier

fourmis et fourmilières dans le but final ignoré du travailleur, de nettoyer notre terre de ses débris vermoulus. Les Romains avaient enlevé les Sabines pour peupler Rome et ravager le monde. Les fourmis, plus sages, enlèvent des larves pour multiplier les ouvriers qui doivent balayer l'univers.

Pour bien juger, il faut s'élever plus haut. Si tu t'arrêtes à deux fourmis dressées l'une contre l'autre, tu diras peut-être : Quelle horreur ! Voilà deux insectes qui se battent ! Mais après le combat regarde les deux fourmis, et tu reconnaîtras que le résultat final, c'est la multitude de petits à élever répartis entre deux cités au lieu d'être entassés dans une seule.

Tout cela, vu de loin, semble un désordre ; examiné de près, c'est harmonie. Semblable est notre propre race ; les peuples s'agitent, bataillent, détruisent ; mais de toutes les ruines, Dieu tire une humanité en progrès. Telle est aussi notre vie individuelle, la faiblesse de notre enfance, la témérité de notre jeunesse, les dangers de notre âge mûr, les souffrances de la caducité, tout contribue à dompter nos passions luttant contre la volonté de Dieu.

Cette pondération des pouvoirs chez les fourmis me paraît bien instructive. Elle ne se manifeste pas seulement dans les rapports des guerrières avec leurs servantes, mais encore dans les relations des divers membres d'une même espèce. Ainsi, dans une fourmilière sans mélange, où père, mère, serviteurs et enfants, appartiennent à une race unique, on retrouve encore cette dépendance mutuelle. Les ouvrières ne peuvent pas s'y passer des mâles et des femelles, car, à défaut d'une nouvelle génération, les travailleuses ne pourraient se défendre contre leurs ennemis, ni rebâtir leurs édifices, ni perpétuer leur fourmilière. Mais mâles et femelles ne peuvent pas non plus se passer des ouvrières; pas même pour se conduire, pas même pour manger! Ces vieux parents sont nourris à la béquée comme les enfants! Ils sont dépendants à tel point que si leurs bonnes négligeaient de les emboquer, ces grands personnages mourraient de faim! Il est doux d'être servi; mais le service d'autrui nous met dans un tel esclavage que le plus libre est celui qui se passe de serviteur.

Voici un dernier trait de ce mélange, je dirais presque moqueur, d'hommage et de servitude. Il est une espèce de fourmi stérile qui se choisit un roi et une reine féconde. Ce peuple construit un palais à Leurs Majestés, mais un palais dont la porte assez large pour les serviteurs est trop étroite pour les maîtres. Plus la mère grossit, plus il lui devient impossible de sortir de son cachot-palais! On la nourrit, la soigne, lui fait la cour en prison, jusqu'à ce qu'elle ponde des œufs qu'on lui enlève et qui, recueillis, couvés, éclos, nourris par les ouvrières, donneront à la cité une nouvelle génération. Voilà une reine qui est, dans toute la force du mot, la mère de son peuple. Mais qui règne ici ? Est-ce la princesse emprisonnée, ou les courtisans ? En vérité, je ne sais ! Et mon incertitude prouve qu'il n'y a, là, ni maîtres, ni valets, ni grands, ni petits ; il n'y a que les membres divers et vivants d'une même société.

Du château.

Je t'ai dit, dans ma dernière, que les fourmis savaient parler. Aujourd'hui, je vais plus loin et j'affirme que les fourmis, outre leur langue nationale, parlent encore des langues étrangères ; elles se font comprendre, et par leurs semblables et par des êtres différents. Cela t'étonne peut-être ? Tu vas t'en convaincre.

Que les fourmis aient un langage entendu de toutes les fourmis, la preuve en est dans les travaux qu'elles font en commun, dans les avis qu'elles se donnent pour parer à un danger, profiter d'une occasion, etc. Ce que l'une d'elles voit au dehors, elle le communique au dedans, et aussitôt accourt tout un peuple à son aide. Comment l'a-t-elle dit, si elle n'a pas parlé, du moins parlé avec ses antennes, c'est-à-dire ses mains? Mais ce langage d'attouchement et de caresse, la fourmi s'en sert avec d'autres insectes; elle palpe et cajole pucerons et gallinsectes pour en obtenir la nourriture. La fourmi parle donc à des étrangers, et à divers étrangers; en un mot, elle parle des langues étrangères.

Ce qui m'intéresse le plus ce n'est pas tant ce langage compris des nations voisines que les rapports qu'il suppose, car il en résulte l'indice bien clair, que le Créateur a voulu des relations entre des êtres différents.

En effet, si la fourmi a besoin du puceron pour en tirer sa nourriture, le puceron en cédant cette substance se sent soulagé ; cela est si vrai que lorsque la fourmi ne vient pas demander à ce père nourricier le suc dont elle s'abreuve, le puceron le rejette au loin avec de pénibles efforts, et quand au contraire les demandes du quêteur sont trop fréquentes, le puceron désire encore y satisfaire. Ce que je dis du puceron on peut l'affirmer du gallinsecte, qui sécrète aussi le pain quotidien des fourmis.

Ce qui me persuade que c'est volontiers

6

que le puceron nourrit la fourmi, c'est que d'abord il se laisse traire; il s'y prête même, et, quoique plus gros que son maître, il n'essaye pas de lui résister. Il y a mieux. Quelques-uns de ces pucerons sont ailés; ils pourraient fuir, mais ils restent pour satisfaire l'appétit de leurs hôtes. De leur côté, ces fourmis pourraient dévorer ces insectes comme elles en dévorent tant d'autres; mais non : elles les ménagent, les caressent et même les transportent dans leur propre demeure à l'abri de tout ennemi. Les pucerons ne s'opposent pas plus à ce transport qu'à la soustraction du suc nourricier; ils restent dans la four-milière comme chez eux. D'autres fois, c'est la fourmilière elle-même qui va les chercher, et voici comment. Le nid des fourmis est au pied de l'arbre, sur les branches duquel sont les pucerons. La fourmi fait un canal cylindrique contre le tronc ou bien à l'intérieur, et, par ce chemin couvert, elle se rend de sa demeure à celle des pucerons. Là, de ses pattes elle presse l'abdomen de sa nourrice, comme la laitière presse le pis d'une vache, et la fourmi trait le suc comme la femme trait le lait. Je dis qu'elle le trait et non pas qu'elle le boit ; car, parfois, après en avoir fait provision, elle va le dégorger dans la bouche de son propre nourrisson.

D'autres fois, on établit la fourmilière au pied d'un arbre ; là, les racines nourrissent les pucerons, et les pucerons nourrissent les fourmis. Nous trouvons donc ici le peuple pasteur, les troupeaux nourriciers et les parcs herbeux. La fourmi châtelaine donne son parc au puceron, qui, pour redevance, lui accorde son lait. Conçois-tu rien de plus intéressant ? N'y a-t-il pas là une harmonie préparée par le Créateur ? Si tu pouvais en douter encore, ton doute disparaîtrait en présence du fait suivant.

La fourmi ne meurt pas en hiver ; elle ne s'y nourrit pas non plus, comme l'a dit la Fontaine, des grains ramassés en été ; mais en hiver comme en été, elle vit de gibier pris au dehors et de ses troupeaux parqués au dedans. Toutefois, elle ne résiste pas à tous les degrés de froid : quand l'eau se gèle, la fourmi s'engourdit et ne revient au mouvement et à la nutrition qu'au retour d'une certaine température. Or, concordance remarquable ! le puceron s'engourdit et se réveille au même degré de froid et de chaleur que la fourmi : juste deux degrés au-dessus de zéro. Est-ce le hasard qui fait tomber en léthargie au même instant la nourrice et le nourrisson ? Est-ce le hasard qui les ressuscite en même temps ? Oh ! l'habile hasard aussi sage qu'un Dieu ! Écoute encore un trait de ce hasard divin.

Pierre Huber avait remarqué que certaines fourmis couvaient des œufs *noirs*. Ce n'était pas des œufs de sa race, car ceux-ci sont toujours blancs. Quels étaient

donc ces œufs? Huber prit la motte ter-
reuse contenant la fourmilière, la plaça
sous verre, et eut le bonheur de voir éclore
quoi? des pucerons! Est-ce encore le hasard qui fait couver par la fourmi l'insecte
qui doit lui donner sa manne de chaque
jour? Je ne sais; mais, ce que je sais bien,
c'est qu'Huber vit le puceron, à peine sorti
de la coque, donner son suc à la fourmi
qui venait de le mettre au monde.

Cette harmonie entre la fourmi et le puceron pourrait être regardée comme le
résultat des services réciproques que ces
deux insectes se rendent. Mais voici qui
va plus loin : ce n'est pas seulement avec
sa nourrice que la fourmi vit en paix et en
commun ; c'est encore avec les mille-pieds,

les perce-oreilles, les cloportes et certains scarabées. Tous ces monstres cohabitent avec les petites fourmis en parfaite tranquillité. N'est-ce pas plus admirable que de voir des hommes de nations différentes se haïr, se battre, se dévorer, pour aller ensuite, chaque parti de son côté, remercier Dieu de les avoir aidés à s'entre-détruire ? Les fourmis ne sont-elles pas plus sociables que les Chinois et les Français ?

Voici ma dernière preuve que fourmi et puceron ont été créés pour se secourir. D'abord il faut savoir qu'en été, le puceron sort tout vivant du sein de sa mère, tandis qu'en automne il naît enveloppé d'une coque que la prudente nature lui donne contre les frimas de l'hiver. Mais cet œuf de puceron est différent de tous les autres ; ceux de poule, par exemple, renferment avec le petit la nourriture qui doit le forfier jusqu'à sa naissance. L'œuf de puceron, au contraire, ne contient aucun aliment ; le petit s'y trouve prêt à naître, et il ne manque à cet œuf pour éclore qu'une certaine humidité. Qui la lui donnera? Un naturaliste l'a tenté sans y réussir ; Charles Bonnet avait reconnu cette nécessité sans pouvoir la produire. Ce que le savant n'a pu faire, la fourmi l'a réalisé : elle humidifie juste à point l'œuf du puceron et le fait éclore. Serait-ce aussi par hasard qu'un insecte débarrasse de sa coque l'être qui va le nourrir ?

Au lieu de voir, dans ces pucerons des

associés de la fourmi, peut-être ne les regarderas-tu que comme leurs bestiaux ou tout au plus comme leurs domestiques. Soit, j'y consens, mais alors remarque quelle bonté, quels égards envers des serviteurs! Je te l'ai dit, la fourmi ne s'approche du puceron qu'avec ménagement; elle le caresse, le flatte, attend ses convenances. Quel bon maître que la fourmi! vraiment on voudrait être esclave pour être ainsi traité! Mais j'avoue que je ne crois pas que l'état naturel du puceron, à l'égard de la fourmi, soit celui de la dépendance. Il y a réciprocité de bons procédés. La fourmi rend au puceron le service de le faire éclore, et le puceron éclos nourrit la fourmi. C'est à son profit, sans doute, que la fourmi porte le puceron nourricier dans sa demeure, mais le puceron n'en est pas moins par là mis à l'abri du danger. La fourmi tire sa substance du puceron, mais ce qui nourrit la première, soulage le second. En plein air le puceron mourrait de froid; dans la fourmilière, il est garanti des frimas, il s'endort et se réveille avec sa maîtresse, sa servante : la fourmi.

Nous voyons donc revenir entre ces deux insectes des relations sociales comme nous en avons remarqué entre les fourmis elles-mêmes; mais, encore ici, point de supério-rité. L'un est le bras, l'autre est la jambe; et tous deux sont les membres d'un même corps. Pour savoir si l'un est plus que l'autre, je me suis demandé lequel j'aimerais mieux perdre, d'un bras ou d'une jambe? La réponse m'a été facile : ni l'un ni l'autre.

On le comprend, ce n'est ni aux fourmis ni aux pucerons que je reporte l'honneur de cette harmonie. Bien qu'il puisse y avoir chez les deux et surtout chez la fourmi une véritable intelligence, toutefois je reconnais qu'il n'y a pas la raison, encore moins la conscience. Ces insectes se conduisent ainsi, parce qu'ils ont été faits de telle sorte qu'ils ne pouvaient pas se conduire autrement. Il n'y a pas chez eux liberté ; par conséquent, il n'y a pas moralité. Mais, si cette harmonie n'est pas à l'honneur de l'insecte, elle est à la gloire du Créateur ; de plus, elle m'indique le plan, la volonté du maître ; ce n'est pas la fourmi, c'est Dieu qui me donne ici des leçons. Écoute un admirable trait de cette sagesse créatrice.

Nous avons vu que des fourmis guerrières vont chez des pacifiques enlever des œufs qui, plus tard, leur donneront des serviteurs. Le résultat de ce pillage, c'est de mettre en nourrice les enfants d'une seule famille dans plusieurs maisons ; ils n'en seront que mieux élevés et plus propres à travailler. Entassés dans leur étroite patrie, ils y auraient peut-être manqué de subsistance ; tandis que, dispersés en terre étrangère, ils trouvent des ressources plus abondantes. Ce sont nos Allemands et nos Suisses partant pour l'Amérique. Cette dispersion, qui semblait d'abord la ruine d'une peuplade, a donc, au contraire, pour fruit la prospérité de la race entière.

Maintenant à quelle époque ces enlèvements de larves auront-ils lieu? sans doute quand ces larves existeront, et quand les soldats ranimés par la chaleur seront disposés à partir; or, cette double condition se réalise de mai en septembre. Mais ici se présente une difficulté. Dans la fourmilière qu'on va piller, les larves des mâles et des femelles sont confondues avec celles des ouvrières, et rien ne les en distingue. Les pillards risquent d'enlever les unes et les autres, et ainsi d'apporter chez eux des mâles et des femelles dont on n'y a que faire, et d'en dépouiller ainsi les airs où devait s'accomplir la régénération. Ces larves masculines et féminines écloses deviendraient un embarras, une charge pour la fourmilière victorieuse; car mâles et femelles chez les fourmis mangent et ne travaillent pas. Il faut à ces conquérants des ouvriers et non des maîtres. Comment donc s'y prendre pour que les soldats puissent enlever les œufs contenant des travailleuses, sans toucher aux œufs féconds?

Le moyen mis en œuvre par le Créateur est admirable de simplicité. Le voici : les œufs de mâles et de femelles éclosent en mai et juin, tandis que ceux des ouvrières ne s'ouvriront qu'en août et septembre. Si bien qu'il suffira que les maraudeurs arrivent un peu plus tard pour que les larves reproductrices soient écloses, ailées et parties, et que les ravisseurs ne trouvent plus que des larves d'ouvrières, précisément les seules qui puissent être utiles à leur fourmilière. Ainsi une éclosion précoce de quelques larves suffit à résoudre la difficulté.

Mais comment les guerriers consentiront-ils à retarder leur expédition jusqu'en août et septembre, eux qu'une ardeur batailleuse anime déjà en mai et en juin? En effet, laissée à elle-même, cette soldatesque brutale irait ravager la fourmilière voisine dans ce moment inopportun. Mais ici brille de nouveau la sagesse créatrice ; les compagnes de ces soldats s'opposent à leur départ. Elles savent qu'à cette époque les larves mâles et femelles ne sont pas écloses, et que leurs associés risqueraient de leur en apporter. Or, ces ouvrières ne se soucient pas qu'on leur amène des bouches à nourrir ; elles veulent des bras, des jambes pour les aider, et c'est dans leur intérêt particulier qu'elles retardent l'expédition jusqu'à l'époque où les larves travailleuses seront les seules dans la tribu qu'il s'agit de piller.

Ainsi dans une fourmilière les œufs, mâles et femelles, se hâtent d'éclore pour s'enfuir ; dans l'autre, les ouvrières retardent le départ de leurs guerriers, et le concours de ces deux actions indépendantes amène le double et heureux résultat de conserver la race en général, en préservant mâles et femelles, et de faire prospérer une famille en particulier en lui procurant des ouvrières.

De la ferme.

Comme toi je suis frappé de la sagesse profonde qui règle tous les détails d'une fourmilière. J'y vois un ordre suivi, des buts atteints, des mœurs douces, des joies de famille, le dévouement à la cité et finalement un bonheur de fourmi réalisé. Mais, te l'avouerai-je? tout cela ne me suffit pas; j'ai peine à croire que Dieu ait fait les fourmis uniquement pour elles-mêmes; qu'Il ait en cela voulu que des insectes jouissent de la vie, je te l'accorde, toutefois il me semble qu'Il a dû vouloir aussi autre chose. La fourmi, comme l'éléphant, comme le soleil, doit concourir au but général de la création. Or, quel est donc son rôle dans la trame universelle? A quoi sert-elle dans ce monde? Dans quelle intention finale, en rapport avec le grand tout, a-t-elle été créée? L'arbre donne des fruits à l'homme, un abri aux oiseaux; mais la fourmi, comment nous est-elle utile? Le coursier franchit pour nous l'espace, le bœuf laboure nos champs, les troupeaux nous donnent leurs toisons; mais les fourmis, qui nourrissent-elles? de qui labourent-elles les terres? à qui fournissent-elles des vêtements? En un mot, dans l'univers à quoi bon des fourmis?

Telle est la question qui m'occupait depuis longtemps. J'y cherchais partout une réponse ; or, cette réponse, aujourd'hui je crois l'avoir trouvée, soit dans mes propres réflexions, soit ailleurs, et c'est elle résumée que je viens t'exposer.

Et d'abord, le premier service que la fourmi rend au genre humain, c'est de le débarrasser de tous les corps morts qui, sans ces insectes, pourrissant à la surface de la terre, empesteraient les airs et nous donneraient la mort. La fourmi est de tous les êtres le plus grand dévoreur. Les fourmilières sont si nombreuses, cha-cune d'elles a tant d'habitants, que malgré la petitesse du mangeur, c'est finalement les fourmis qui mangent la plus grosse

part dans ce monde. Il ne faut pas en juger par nos contrées tempérées, où leur
vorace tribu n'a comparativement que
peu de cadavres à faire disparaître, peu
de services à nous rendre, tel que nous
débarrasser des chenilles ; mais il faut se
reporter à ces climats brûlants où elles
sont innombrables et où leur tâche est autrement importante que chez nous. Il faut
songer à ces contrées où l'on voit des passages de fourmis qui, pendant plusieurs
jours, couvrent un vaste terrain, où un
animal ne tombe pas plus tôt mort qu'il
ne soit immédiatement dévoré et sa car-
casse laissée polie comme de l'ivoire ; il
faut se rappeler ces forêts où un arbre
tombé couvre inutilement le sol de son

tronc pourri et où les fourmis, bûcherons d'un nouveau genre, viennent, le dépècent à coup de dents et le font promptement disparaître. Il faut, dis-je, se reporter dans de tels pays pour se faire une idée du rôle des fourmis. Elles ne mangent pas seulement les corps morts, mais, hélas! les vivants! Disons tout, les fourmis se mangent les unes les autres! elles sont cannibales, formiphages, et jusque dans cette destruction de la vie, je vois un avantage pour le genre humain. Je vais m'expliquer. Les animaux, mangeurs ou mangés, nous sont utiles par deux voies, fort différentes pour eux, mais conduisant toutes deux au même résultat pour nous, c'est de se faire équilibre les uns les autres. Si une race d'animaux, soit les lions, les tigres, ou même les fourmis, l'emportait à la fois en nombre et en force, elle finirait avec le temps par détruire tous les autres êtres. Toutes les races moins une disparaîtraient, et ainsi les services variés que nous en tirons cesseraient avec les êtres anéantis. Pour notre bien, il ne doit pas en être ainsi; il faut que ces serviteurs divers continuent à vivre, il faut qu'une race tienne l'autre en échec, il faut que toutes se balancent mutuellement. Et qui chargera-t-on de maintenir cet équilibre? Ces animaux eux-mêmes! Tour à tour vainqueurs et vaincus, ils ramèneront les rapports tels que Dieu les a voulus : ils mangeront, ils seront mangés, et au milieu de tous ces combats dans le sol, dans les forêts, dans les abîmes, l'homme vivra paisible délivré des corps morts et de ses ennemis vivants. Pour justifier l'existence des fourmis, te dirai-je qu'il en est qui font du miel à l'instar des abeilles? Ajouterai-je que d'autres servent de nourriture à certaines tribus plus ou moins barbares? Non, ces faits sont peut-être trop rares pour en tenir grand compte, mais je te citerai du moins une anecdote qui me conduira vers ma conclusion.

Un conquérant, après avoir vaincu les peuples qui s'étaient trouvés sur son passage, rencontra finalement une telle série d'obstacles qu'il se demanda s'il ne devait pas borner là ses expéditions. Il méditait sur ce sujet, étendu sur le sol, la tête tournée vers un mur délabré. Tout en réfléchissant, il se donnait le passe-temps d'arrêter de sa main une fourmi qu'il avait suivie des yeux escaladant la muraille. L'insecte remontait toujours, et toujours le conquérant d'un coup de doigt le faisait retomber. Quatre-vingts fois de suite l'homme la fit trébucher, quatre-vingts fois de suite la fourmi revint à l'assaut. La persévérance de l'insecte vainquit celle du guerrier ; mais l'homme en tira une bonne leçon : il reprit ses combats, et Tamerlan conquit le reste de l'Asie.

Voilà donc un dernier trait de l'utilité des fourmis pour l'homme, c'est de lui donner des exemples. Leur république pourrait à bien des égards servir de modèle à nos États ; leur fourmilière à nos cités, leurs mœurs à nos familles. Nous l'avons vu déjà plus d'une fois dans notre correspondance. Mais élevons-nous à une idée générale. Tout ce que fait la fourmi, elle le fait sans efforts, sans lutte ; je dirais volontiers : ce qu'elle fait ce n'est pas elle qui le fait, c'est sa nature ou plutôt son Créateur ; et nous découvrons ainsi la volonté divine dans l'acte de la fourmi.

Eh bien, c'est de là que je voudrais partir pour présenter ma réflexion. La pensée divine est bonne, le plan du Créateur est sage ; il y a là de la science et une science profonde à acquérir. Allons donc y puiser et faisons par choix ce que la fourmi fait par impulsion. Il nous a été donné de balancer nos voies; et quand nous avons découvert la droite, comment ne la suivrions-nous pas ? Il vaut la peine d'y songer; nous sommes responsables de nos actions.

Au reste, l'imitation volontaire que je propose est en partie réalisée. L'homme et la fourmi construisent tous deux avec poutres, pierres et mortiers; tous deux sculptent le bois, creusent la terre, fouillent des souterrains, élèvent des étages. L'homme et la fourmi vivent en société, ont un gouvernement, se partagent les fonctions; tandis que les uns vont à la chasse, les autres travaillent à la maison; à son retour, le chasseur se repose, la servante apporte le dîner.

www.ingramcontent.com/pod-product-compliance
Lightning Source LLC
LaVergne TN
LVHW021449170726
843501LV00005B/1569